AF332802

CATALOGUE

DE TABLEAUX

DES ÉCOLES

D'ITALIE, DE FLANDRE ET DE FRANCE,

DESSINS ET ESTAMPES

MONTÉS ET EN FEUILLES,

MARBRES, BRONZES, TERRES CUITES,

QUELQUES OBJETS D'HISTOIRE NATURELLE,

Et autres effets curieux qui compofoient le Cabinet

du Citoyen LE LORRAIN.

Dont la vente, *après fon décès*, fera faite le 15 Vendémiaire, l'an 3 de la République Fran-çaife, (ou 6 Octobre 1794, vieux ftyle) & jours fuivans de relevée,

En fa demeure,

Rue de Grenelle, quartier Germain, n°. 338, près la rue de la Chaife,

Où les objets feront vus publiquement pendant les matinées des deux jours qui précéderont la vente.

LE CATALOGUE SE DISTRIBUE

Chez les Citoyens

J. DESMAREST, Peintre, Négociant, rue J. J. Rouffeau, à la maifon de Bullion, = ou à fa nou-velle demeure rue Montmartre, près la Cour Man-dat, maifon Charoft.

L. F. J. BOILEAU, Vendeur, rue du Bacq, N°. 847.

L'AN III DE LA RÉPUBLIQUE.

[illegible]

[illegible]

[illegible]

[illegible]

[illegible]

[illegible]

CATALOGUE

DE TABLEAUX.

DESSINS, ESTAMPES, &c.

TABLEAUX.

ECOLE D'ITALIE.

J. BASSAN.

Nº. 1 Un bon tableau de cette école, dont le sujet repréfente une jeune fille adulte, recevant le baptême. Il eft bien peint & d'une bonne couleur. Hauteur, 17 pouces, largeur 12 pouces. T.

AUG. CARRACHE.

2 Une Vierge de douleur tenant fur fes genoux le Chrift mort, accompagné de deux anges qui confidèrent fes plaies. Ce morceau, rempli d'expreffion paroît offrir le caractère des ouvrages de cette école: il a toujours été regardé comme étant le petit tableau d'un pareil fujet appartenant au grand duc de Parme. Haut. 21 pouc. larg. 16 pouc. C.

PAR LE MEME.

3 Un petit tableau repréfentant la Vierge tenant fur fes genoux l'enfant Jéfus, devant lequel eft placé le petit S. Jean en adoration. Il provient du cabinet Conti, n°. 6 du catalogue. Haut. 8 pouc. larg. 7. T.

SCHEDONE.

4 Un petit tableau de forme ronde, repréfentant la Vierge tenant fur elle l'enfant Jéfus. Il provient du cabinet de Conti, n°. 49. Haut. 6 pouc. larg. 5. C.

PIAZETTA.

5 Deux grands tableaux compofés de trois figures chacun ; ils repréfentent l'un un vieillard comptant des piéces d'or, & deux jeunes garçons près de lui, dont un qui en dérobe quelques unes. L'autre un buveur & deux autres perfonnages auprès d'une table. Haut. 29 pouc. larg. 38 pouc. T.

Attribué à CARLO MARATTI.

6 Un tableau de deux figures fortes comme nature, repréfentant la Vierge portant fon enfant, & Jofeph marchant devant eux ; fujet de la fuite en Egypte. Haut. 34 pouc. larg. 26 pouc. T.

SALVIATTI dit SALVIOUSSE.

7 Un fujet d'Architecture dans le ftyle de *Panini*, repréfentant différens édifices & monumens anciens, parmi lefquels le peintre a placé plufieurs figures de genre analogue à cette compofition. Haut. 26 pouc. larg. 36 pouc. T.

F O S C H I.

8 Un petit tableau, fujet de payfage, dans la manière ordinaire de ce maître, repréfentant une campagne & quelques habitations ruftiques couvertes de néige Haut. 18 pouc. larg. 23 pouc. T.

E C O L E D E F L A N D R E.

P. P. R U B E N S.

9 Une très-belle efquiffe de ce maître, repréfentant Vénus recevant des mains de Vulcain le bouclier & les armes qu'elle lui avoit fait forger pour Enée. On voit fur la droite l'atelier des Cyclopes, & fur la gauche un fond de mer avec quelques Tritons. Ce joli fujet offre une compofition de fix figures très-terminées. Haut. 17 pouc. larg. 21 pouc. T.

P A R L E M E M E.

10 Une autre efquiffe du même genre auffi très-terminée, compofition de quatorze figures repréfentant Achille pleurant la mort de Patrocle. Hauteur 18 pouc. larg. 25 pouc. T.

J. J O R D A E N S.

11 Un petit tableau parfaitement peint, repréfentant un Satyre affis contemplant avec gaieté une femme prefque nue occupée à traire une chevre, & accompagnée d'un enfant qui lui préfente une bouteille. Haut. 14 pouc. larg. 18 pouc. B.

G. C R A Y E R.

12 Un petit tableau, efquiffe d'un grand fujet exécuté dans une églife de Flandre ; il repréfente l'af-
fenfion de J. C. entourré d'anges & de martyrs.
Haut. 20 pouc. larg. 13. B.

Ab. D I E P E M B E C K.

13 Un grand tableau offrant une compofition riche &
un grand nombre de figures , dont le fujet eft ap-
pellé le Repas de Balthazar. Haut. 25 pouc. larg.
32 pouc. B.

P A R L E M E M E.

14 Une Efquiffe attribuée à ce maître, repréfentant
l'Affomption de la Vierge. Haut. 24 pouc. larg.
18 pouc. T.

P I E T R E N E E F S.

15 L'Intérieur d'une prifon éclairé à la lueur d'une
lampe, & orné de 11 figures peintes par *Frank*,
repréfentant S. Pierre délivré par un ange. Haut.
18 pouc. larg. 24 pouc. B.

PH. W O U V E R M A N S.

16 Un Tableau capital & du meilleur temps de ce
maître : il repréfente un très-beau Payfage dont la
partie gauche fe trouve occupée par une mazure
ombragée de quelques grands arbres ; le milieu du
fujet offre deux figures de femmes affifes, dont l'une
eft Sainte Anne lifant dans un livre, & l'autre la
Vierge contemplant le petit Jéfus jouant avec Saint

Jean ; dans le fond , près de la cabane , on apperçoit en demi-teinte Joſeph s'occupant de ſon métier , & ſur la droite deux anges conduiſant l'âne à un ruiſſeau qui ſe trouve en avant d'un très-beau fond de lointain. Ce morceau très-conſervé , offrira aux amateurs un tableau de ce maître d'une compoſition neuve , & dans laquelle il paroît avoir raſſemblé toutes les perfections de ſon art, tant pour le payſage que pour les figures. Haut. 24 pouc. larg. 18 pouc. T.

B. BRÉEMBERG.

17 Un petit Tableau repréſentant un intérieur de ſouterrain avec fabriques ſur le devant, auprès deſquelles ſont quelques figures de femmes occupées à blanchir du linge. Haut. 8 pouc. larg. 6 pouc. B.

D. TENIERS.

18 Un bon Tableau de ce maître , connu ſous le titre de l'Entrée du prince de *Grimberg* dans le bourg de *Grimberg*. Il repréſente une Marche triomphante compoſée de cavalerie précédée de timballes & trompettes, dans un payſage d'un ſite agréable & fort clair. Haut. 22 pouc. larg. 30 pouc. T.

PAR LE MEME.

19 Un autre petit Payſage offrant un ſite de montagnes dont le milieu préſente un chemin conduiſant à la montagne, & ſur lequel ſont diverſes figures de payſans ; il eſt d'un ton argentin & du bon temps de ce maître. Haut. 10 pouc. larg. 13 pouc. B.

PAR LE MEME.

20 Un petit intérieur de Chambre ruſtique , ſur le devant de laquelle eſt un buveur tenant une cruche &
préſentant un verre de liqueur à une vieille ; dans le
fond ſe voyent pluſieurs figures ſe chauffant près
d'une cheminée. Il provient du cabinet de *Montullé.*
Haut. 9 pouc. larg. 7 pouc. B.

PAR LE MEME.

21 Un autre petit Tableau repréſentant une baſſe-cour,
au milieu de laquelle eſt un homme donnant du grain
à des poules. Haut. 9 pouc. larg. 7 pouc. B.

A. F. VANDER MEULEN.

22 Un Tableau capital & diſtingué de ce maître ; il
repréſente une Bataille dans une plaine éloignée auprès d'un bois ; on y voit ſur la gauche un corps de
cavalerie en mouvement , & ſur le premier plan à
droite du ſujet , Louis XIV. à cheval accompagné
de ſes officiers , donnant des ordres & courant au
lieu du combat. Ce morceau très-vigoureux de couleur & d'une belle diſtribution , offre un tableau de
choix & bien conſervé de cet artiſte. Haut. 24 pouc.
larg. 30 pouc. T. Il provient du cabinet *Bergeret.*

PAR LE MEME.

23 Un autre bon Tableau de ce maître, repréſentant
un choc de cavalerie auprès d'un bois ; on remarque
dans le principal groupppe & au milieu de divers cavaliers & chevaux tués dans le combat , Turenne
donnant des ordres à un officier français. Hauteur
22 pouc. larg. 30 pouc. T.

GERARD HOUET.

24 Deux très-bons Tableaux offrant des compositions, riches & nombreuses en figures ; ils représentent, l'un Hérodias danfant devant Hérode que l'on voit à table avec plufieurs convives qui la regardent ; l'autre, un magnifique repas donné par Antoine à Cléopâtre. Ces deux fujets préfentent de beaux fonds d'architecture, & divers acceffoires qui contribuent à la richeffe de l'enfemble. Haut. 20 pouc. lar. 25. T

BLAKEMBURG.

25 Un intérieur de Chambre ruftique, dans laquelle fe voit un repas de gaieté, dont le fujet eft un *Roi boit* : on y compte environ vingt figures grotefques dans diverfes attitudes plaifantes, & dont le plus grand nombre eft occupé à crier. Haut. 12 pouc. larg. 16 pouc. T.

GUIL. HEUSS.

26 Un Payfage trés-agréable & de la belle manière de ce maître ; il repréfente un fite agrefte dont la gauche eft occupée par une riviere ; on y voit au premier plan, une femme montée fur un mulet, & conduite par un pâtre, & derriere eux diverfes autres figures & quelques animaux. Haut. 12 pouc. larg. 15 pouc. B.

HUSMANS & LINGHELBACK.

27 Un Payfage agréable, offrant un fite de riviere auprès d'une forêt ; on y voit fur le devant au premier plan, plufieurs figures, dont deux cavaliers

faifant boire leurs chevaux. Ce morceau fpirituellement touché, eft une des bonnes productions de
cette Ecole: Haut. 16 pouc. larg. 23 pouc. T.

BERKEIDE.

28 Un petit Tableau, fujet de payfage & vue de riviere, au bord de laquelle fe voit une barque char-
gée de marchandifes, & fur le rivage une charette
dans laquelle deux perfonnages font charger divers
bagages. Haut. 6 pouc. larg. 8 pouc. B.

RACHEL RUISCH.

29 Deux bons Tableaux repréfentant différens group-
pes de rofes, pavots, pivoines & autres fleurs, dans
des caraffes de verre ; ils font très-bien peints &
parfaitement confervés. Haut. 23 pouc. larg. 19. T.

BONAVENTURE PETERS.

30 Un Tableau, fujet de marine, repréfentant une
mer agitée, fur laquelle on voit plufieurs bâtimens
prêts à faire naufrage. Haut. 27 pouc. larg. 42. T.

PAUL FERG.

31 Un petit Tableau très-fin & de la plus riche compofition de ce maitre : il repréfente une place de
village, dans laquelle fe voit une foire ; on y compte
un très-grand nombre de figures fpirituellement
touchées & grouppées entre elles. Haut. 9 pouc
larg. 12 pouc. B.

BISCAYE.

32 Un Tableau précieux & capital de ce maître : il

repréfente un riche payfage dans le ftyle de *Van-uden*. Il eft orné fur le devant de quelques figures repréfentant le Repos de la fainte famille en Egypte ; on y voit le petit S. Jean offrant des fleurs à Jéfus , & plus loin des anges jouant avec un mouton. Ce morceau très-étudié , eft d'une couleur & d'une compofition très - agréables. Hauteur 19 pouces, larg. 24 pouc. B.

REIGEMORTH.

33 Deux petits Tableaux pendans , repréfentant des Vues de Hollande, l'une au clair de la lune , & l'autre au foleil couchant : ils font tous deux ornés de figures & animaux analogues aux compofitions. Haut. 9 pouc. larg. 12 pouc. **B.**

DE KOORT.

34 Une Vue du château de *Salm-Salm* en Allemagne. Cet édifice fitué au milieu d'un payfage agréable, eft entourré de foffés remplis d'eau , & les détails en font précieufement rendus. Hau. 17 pouc. lar. 22. B.

Style de BRAMER.

35 Un fujet de Bataille & choc de cavalerie. Ce morceau intéreffant préfente un groupe de cavaliers qui fe battent , tant à l'arme blanche qu'au piftolet. Haut. 24 pouc. larg. 39 pouc. T.

ECOLE FRANCAISE.

LE VIEUX VIGNON.

36 Un Tableau de quatre figures fortes comme nature, répréfentant la Confeffion de S. Pierre. Hauteur 31 pouc. larg. 44 pouc. T.

LE NAIN.

37 Un petit Tableau très-fin de ce maître, & compofé
de deux figures, dont un jeune homme vu de profil
lifant un papier dont le contenu paroît égayer une
jeune fille qui l'écoute. Ce petit morceau eft un
échantillon précieux des ouvrages de *Le Nain*.
Haut. 9 pouc. larg. 7 pouc. B.

PAR LE MEME.

38 Un autre très-bon Tableau de ce maître, repréfentant les quatre Evangéliftes. On voit dans le haut
du fujet le S. Efprit & un ange préfidant à leurs
révélations. Ce tableau eft d'une touche ferme &
d'un deffin de caractère qui doit le faire remarquer
des amateurs. Haut. 27 pouc. larg. 30 pouc. T.

STELLA.

39 Un petit tableau du forme ovale, repréfentant la
Nativité & l'Adoration des bergers. Ce petit fujet
eft compofé gracieufement, & d'une couleur inté-
reffante. Haut. 9 pouc. larg. 7 pouc. B.

PIERSON.

40 Une Composition de quatre figures dans un intérieur, représentant la Naissance de la Vierge : on remarque dans le haut une Gloire de petits anges, qui contribue à la richesse du sujet. Ce tableau est d'une bonne couleur & d'un effet qui tient à la manière des ouvrages du *Poussin* & de *Lairesse*. Hauteur 23 pouc. larg. 19 pouc. T.

CLAUDE GELÉE, dit LE LORRAIN.

41 Une Vue de paysage & campagne d'Italie aux environs de Rome , & prise à l'effet du soleil couchant : la partie gauche est occupée par de grands arbres formant opposition sur un ciel chaud dont l'effet éclaire tout le reste de la composition ; il est orné de quantité de petites figures très-spirituelles , & dans la manière de *Jean Miel*, dont les premières vues sur le devant sont occupées à danser. Haut. 9 pouc. largeur 13 pouc. C.

PATEL le père.

42 Un petit Tableau, sujet de marine & vue de rochers & fabriques : il est orné de deux figures sur le devant, représentant Jésus & S. Pierre marchant sur les eaux. Haut. 9 pouc. larg. 12 pouc. C.

SEBASTIEN BOURDON.

43 Un bon Tableau de ce maître , & d'une composition riche , représentant la Présentation de Jésus au Temple, avec un fond d'architecture & quelques figures d'anges dans le haut. Haut. 34 pouces , larg. 26 pouc. T.

PAR LE MEME.

44 Le fujet de la Sainte Famille fe repofant en Egypte, & vifitée par les anges ; compofition agréable
dans laquelle on compte quinze figures dans un
payfage : il provient du cabinet de Conty, n°.
835 du catalogue. Haut. 15 pouc. larg. 19. T.

PAR LE MEME.

45 Deux Tableaux de forme ronde, repréfentant
différens fujets de l'hiftoire ancienne. Diamêtre 13
pouc. T.

J. B. JOUVENET.

46 Un bon Tableau de ce maître, compofition de
douze figures, fujet de la Nativité de Jéfus & de
l'Adoration des Mages. Haut. 30 pouc. larg. 25
pouc.

J. RAOUX.

47 Un grand Tableau, fujet de deux figures fortes
comme nature ; il repréfente deux jeunes demoi-
felles chantant dans un livre de mufique : elles
font groupées entre elles de manière que l'effet
des demies-teintes produit à l'œil une illufion par-
faite. Haut. 33 pouc. larg. 48 pouc. T. Il provient du cabinet de *Beaujon*.

PAR LE MEME.

48 Un autre Tableau de fujet allégorique, repréfentant la fécondité ; elle eft défignée fous la figure
d'une jeune femme entourée de quatre enfans

groupés artiſtement auprès d'elle. Haut. 22 pouc. larg. 18 pouc. T.

COURTIN.

49 Un grand Tableau repréſentant une figure allé-gorique aux arts, ſous la forme d'une belle fem-me vue en pied, tenant une palette & un porte-feuille : elle eſt drapée largement, & à côté d'elle eſt un génie qui l'inſpire. Haut. 52 pouc. larg. 36 pouc. T.

PAR LE MEME.

49 *bis*. Un autre Tableau du même artiſte, repré-ſentant une jeune femme vue de face, & jouant au bilboquet. Haut. 33 pouc. larg. 26 pouc. **T.**

CORNEILLE DES GOBELINS.

50 Un bon Tableau de ce maître dans le ſtyle de *La Hyre*. Il repréſente la Vierge aſſiſe, tenant ſur ſes genoux l'Enfant Jéſus, & devant elle Sainte Anne qui lui préſente le petit S. Jean ; on y voit dans le fond Joſeph occupé de ſon travail. Haut. 29 pouc. larg. 25 pouc. T.

BON BOULLOGNE.

51 Deux Tableaux repréſentant des Sujets de l'Ecri-ture. L'un de trois figures dans un payſage, offre Jéſus & la Samaritaine auprès du puits; l'autre de cinq figures dans un intérieur, repréſente Jéſus chez Marthe & Marie. Haut. 24 pouc. larg. 20 pouc. T.

N. HALLÉ, père.

52 Un bon Tableau repréfentant Jéfus à table avec
les Pellerins d'Emmaüs : compofition de cinq figu-
Haut. 14 pouc. larg. 21 pouc. T.

J. B. LEMOYNE.

53 Une Etude de payfage attribuée à ce maître, &
dans le ftyle de *Salvator*, avec fabriques & ruines,
& quelques animaux & figures, dont un homme
deffinant & un autre qui le regarde. Haut. 19 pouc.
larg. 27 pouc. T.

BAPTISTE FONTENAY.

54 Un grand Tableau de genre repréfentant des fleurs,
des fruits, différens plats dorés, & autres néces-
faires analogues : le tout d'une très-bonne couleur.
Haut. 40 pouc. larg. 33 pouc. T.

MANGLARD.

55 Une Vue de mer au foleil levant. On y remarque au premier plan fur le rivage, différentes figures de pêcheurs & matelots occupés à retirer leurs
filets. Haut. 20 pouc. larg. 30 pouc. T.

NICOLAS DE LARGILLIERE.

56 Deux grands Tableaux faifant pendans, repréfentant les deux apôtres S. Pierre & S. Paul : ces
deux favantes études font d'un pinceau ferme &
d'une bonne couleur. Haut. 33 pouc. l. 27 pouc. T.

SUBLEYRAS.

57 Une très-jolie Efquiffe de ce maître, dont le fu-

jet

jet repréfente un groupe de fix Religieux vêtus de blanc & vus en extafe devant deux faints qui leur apparoiffent. Haut. 15 pouc. larg. 11 pouc. T.

DUMONT LE ROMAIN.

58 Un bon Tableau de cet artifte, repréfentant Cérès défendant Triptoleme contre Linnus qui veut l'af-faffiner pendant fon fommeil : ce fujet eft orné des divers acceffoires analogues caractérifant ce trait de la fable. Il fe trouve gravé par *Danzel*. Haut. 27 pouc. larg. 33 pouc. T.

PAR LE MÊME.

59 Deux petits Tableaux faifant pendans : ils repré-fentent des fujets de Roland amoureux. Ils font facilement peints, & on en connoît les eftampes. Haut. 10 pouc. larg. 13 pouc. B.

J. B. PATER.

60 Un Tableau agréable & de la bonne couleur de ce maître : il repréfente un bal champêtre compofé de neuf figures, dans un ftyle de payfage riche & agréable. Ce morceau eft une des bonnes produc-tions de cet artifte, dans laquelle il y a beaucoup approché de la belle manière de Watteau. Haut. 20 pouc. larg. 24 pouc. T.

Le chevalier VEUGHELS.

61 Une Compofition de plufieurs figures repréfentant Abigaïl aux pieds de David, lui offrant fes pré-fens. Ce tableau agréable & d'une bonne couleur,

B

nous a paru être une des bonnes productions de ce peintre. Haut. 11 pouc. larg. 18 pouc. T.

J. B. LE PRINCE.

62 Un petit Tableau très-fin repréfentant la vue d'une porte de cabaret près de laquelle font quelques figures à table, & près d'elles un bateleur jouant du fifre & du tambourin, & faifant danfer un chien. Haut. 7 pouc. larg. 5 pouc. B.

ROLAND DE LA PORTE.

63 Un petit fujet de bas-relief, imitant le marbre, dans le ftyle de *Fr. Flamand*, repréfentant des enfans qui jouent avec une chevre. Haut. 12 pouc. larg. 18 pouc. T.

BENARD.

64 Deux jolis Tableaux repréfentant des intérieurs, & ornés de différens groupes intéreffans. On voit dans l'un plufieurs perfonnages autour d'une table, dont un homme lifant une lettre ; & dans l'autre trois figures affifes auprès d'un comptoir, & occupées de quelque marché. Haut. 10 pouc. larg. 13 pouc. T.

CHAUTEREAU.

65 Deux petits Tableaux de genre, repréfentant l'un un Opérateur fur fon tréteau avec plufieurs figures devant lui ; l'autre un Arracheur de dents fur une place publique. Haut. 7 pouc. larg. 8 pouc. T.

CASANOVA.

66 Un très-petit Tableau dans le ſtyle de ce maître, repréſentant une Bataille avec choc de cavalerie. Haut. 3 pouc. larg. 5 pouc. B.

HUB. ROBERT.

67 Deux charmans Tableaux de cet artiſte, repré-ſentant divers Monumens d'architecture, dont l'un eſt un intérieur de Cirque où ſont pluſieurs figures occupées à retirer quelques fragmens de ſculptures antiques ; & l'autre une Vue de ruines au milieu deſquelles eſt un obéliſque. Haut. 18 pouc. larg. 23 pouc. T.

DÉMACHIS.

68 Un bon Tableau de cet artiſte, repréſentant la vue d'un Palais d'architectures en ruines, & de quel-ques autres édifices, parmi leſquelles on diſtingue le Coliſée dans l'éloignement ; il eſt orné de di-verſes figures diſtribuées agréablement pour la compoſition. Haut. 23 pouc. larg. 28 pouc. T.

L. LAGRENÉE le jeune.

69 Un petit Tableau très-fin, repréſentant une Mar-che ou caravanne de figures & animaux ſortant d'une porte de ville. Ce ſujet eſt repréſenté dans un pay-ſage agréable, dont la manière indique le ſtyle de *Diétrick.* Haut. 9 pouc. larg. 11 pouc. B.

LE MONNIER.

70 Un bon Tableau de cet artiſte, dont le grand a été par lui exécuté pour une des Egliſes de la ville de

Rouen, & dont le sujet offre la Préfentation de la Vierge au Temple : compofition de dix figures dans un riche fond d'architecture. Haut. 47 pouc. larg. 31 pouc. T.

TAUNAY.

71 Un petit Tableau très-fin de cet artifte : il repré-fente la Vue d'un camp & d'une Tente de vivandiers, près de laquelle font placés plufieurs group-pes de figures, dont les unes fe battent & les autres s'amufent. Haut. 6 pouc. larg. 13 pouc. B.

BOUNIEU.

72 Un petit Payfage, Vue des environs de Ruel : il eft orné de quelques fabriques & de plufieurs figures agréablement diftribuées. Haut. 10 pouc. lar. 15. B.

73 Différens Tableaux de bons Maîtres, non-détaillés au préfent Catalogue, & qui feront divifés fous ce N°.

DESSINS MONTÉS.

74 Neuf Etudes de Têtes, au crayon noir & à l'eftompe, par *Robert Le Lorrain*, Sculpteur.

75 Deux Cadres contenant chacun huit petites études de têtes à la fanguine, par *le même*.

76 Un Deffin oval à la fanguine, par *le même*, repré-fentant Jéfus mené devant Caïphe.

77 Quatre autres Deffins à la fanguine, par *le même*, différens fujets de l'Hiftoire ancienne.

78 Deux petits Deſſins, Payſages, par *Desfriches*.

79 Deux petites Gouaches , ſujets de Payſages repréſentant des ſujets d'hyver.

80 Quelques autres Deſſins montés non-décrits , &
qui feront diviſés ſous ce N°.

DESSINS EN FEUILLES.

81 Trois grands Deſſins à la plume , dont deux par
La Fage.

82 Deux Deſſins de payſages & figures, au biſtre ,
dans le genre de *Le Prince*.

83 Un Deſſin au biſtre , par *Le Paon*, ſujet d'un dé-
filé d'armée.

84 Quatre Etudes de payſages, & une tête de chien ,
par *Oudry*.

85 Neuf piéces : Deſſins à la pierre noire , par *Robert
Le Lorrain*.

86 Douze piéces : Etudes de ſujets, & têtes à la ſanguine , par *le même*.

87 Douze piéces à la ſanguine & à la pierre noire, par
le même.

88 Six feuilles : Etudes à la ſanguine , d'après les
grands maîtres , par *le même*.

89 Dix-huit piéces : Croquis & Etudes, par *le même*.

90 Quarante-deux piéces : Deſſins à la ſanguine, par
le même.

91 Quatre grands Deſſins au biſtre & à la ſanguine, par *Parizeau*.

ESTAMPES MONTÉES.

92 Huit piéces, d'après *Raphaël*, gravées par *Volpatto*, dont ſix épreuves avant la lettre, & une non montée.

93 Deux grandes piéces : la Transfiguration, d'après *Raphaël*, & !a Deſcente de croix d'après *Daniel de Volterre*.

94 Trois piéces, d'après *Ann. Carrache & Paul Veronèſe*, dont la Deſcente de croix & le Triomphe de Bacchus.

95 Deux grandes piéces, dont une par *Daniel de Hers*, repréſentant l'Empereur Charles IV. aſſiſtant aux écoles de *Prague*.

96 Deux piéces : une Aſſomption d'après *Rubens*, & la Mélancolie, par *Lucas de Leyde*.

97 Une piéce : le portrait de *Harcourt*, connu ſous le nom de Cadet la Perle, par *Maſſon*.

98 Une piéce : le Portrait de Boſſuet, par *Drevet* : belle épreuve.

99 Six piéces : les petites Batailles d'Alexandre : par *G. Audran*. Belles épreuves.

100 Deux piéces, d'après *J. Vernet*, la Tempête & les Baigneuſes, par *Balechou*.

101 Deux piéces, d'après *Greuze*, l'Accordée de village, & le Paralytique, par *Phlippart*.

102 Deux autres d'après *le même*, par *Maſſard* : la
Dame de charité & la Mère bien aimée.

103 Une piéce : l'Enfant prodigue, d'après *Teniers*,
par *Lebas*.

104 Une piéce : le Marché aux herbes, d'après *Met-
zu*, par *David*.

105 Une piéce : Callirhoë, d'après Fragonard, par
Danzel.

106 La Converſation & la Lecture, d'après *C. Van-
loo*, par *Beauvarlet*. Belles épreuves.

107 Deux piéces : Agar reçue & Agar répudiée, par
Porporati. Belles épreuves.

108 Une piéce : les Canadiens au tombeau de leur fils,
par *Ingouf*.

109 Une piéce : la Madelaine & Jéſus chez le Phari-
ſien, par *L. Subleyras*.

110 Une piéce : le Portrait de *Clairon* dans le rôle de
Médée, par *Beauvarlet*.

111 Deux piéces gravées en couleur : la Moiſſon &
le pendant, d'après *Wille* fils, par *Janinet*.

112 Une grande piéce en manière noire, par *Earlom* :
ſujet de l'académie de Londres. Belle épreuve.

113 La Ste. Famille, d'après *Rubens*, par *le même*.

114 Une piéce en manière noire : Agrippine, d'après
Weſt, par *Green*.

115 Quatre piéces : différens Portraits en manière noire, qui feront divifés.

116 Diverfes autres Eftampes encadrées, qui feront divifées fous ce N°.

ESTAMPES EN FEUILLES.

117 Trente piéces. d'après *Pierre Tefte* & autres.

118 Cinq piéces. d'après *N. Pouffin*, par *Audran.*

119 Dix grandes piéces, d'après *Gérard Laireffe.*

120 Douze piéces ; d'après *Coypel* & autres.

121 Dix-huit piéces, d'après différens Maîtres.

122 Une piéce : Agrippine portant l'urne de Germanicus, par *Earlom.*

123 Une piéce en manière noire, par *Boydel* Ugolino.

124 Deux piéces, *idem* : le Rabbi, & l'Oracle confulté.

125 Trois piéces, *idem* : Télémaque, Lady Sara, & l'enfant Jéfus.

126 Deux piéces, par *Strange* & *Maffard* : Charles Premier & pendant.

127 Une piéce par *Strange*, d'après *Weft* : les enfans du Roi d'Angleterre.

128 Une piéce d'après *Weft*, par *Sharp* : l'Ombre de Samuel.

129 Une piéce : la Mort du Prince de Brunswick.

130 Une piéce d'après *Raphaël*, par *Volpato* : la Prudence, avant la lettre.

131 Quatre piéces d'après *le même*, par *Morchen* & *Volpato*, dont deux avant la lettre.

132 Une piéce d'après *Rubens* : le Jardin d'Amour.

133 Deux piéces d'après *Berchem* : le Port de Gênes, & l'Embarquement des vivres.

134 Sept piéces : Payfages & Marines, d'après *Wouvermans*, *Teniers* & autres.

135 Quatre piéces : les grandes Fêtes de village, d'après *Teniers*.

136 Treize piéces : Payfages, d'après *Teniers* & autres.

137 Deux piéces, par *Porporati* : Suzanne & la Mort d'Abel.

138 Seize piéces d'après *Vernet*, qui font les Ports de France. Bonnes épreuves.

139 Une piéce : le Calme, d'après *Vernet*, par *Balechou*.

140 Cinquante piéces en 14 feuilles, d'après *Holbeins*, par *Chrétien Méchel* : la fuite du Triomphe de la Mort, &c. avec le texte.

141 Sept piéces d'après *Fragonard* & autres.

142 Cinq piéces d'après *le même*, par *Delaunay*.

143 Quatre cahiers de Coftumes, d'après *Greuze*, par *Moitte*.

144 Onze piéces, d'après *Coypel*, *Boucher*, & autres.

145 Vingt piéces : manière de crayon, par *Defmar-*
teau, & autres.

146 Neuf piéces : Portraits, & autres.

147 Quatre piéces : Vues enluminées pour l'optique.

148 Plufieurs lots d'Eftampes en feuilles, qui feront
divifés fous ce Nº.

MARBRES, BRONZES, TERRES CUITES, &c.

149 Deux Buftes en marbre par *Robert le Lorrain*,
repréfentant un faune & une femme de fatyre ajus-
tés de draperies & portés fur piédouches de marbre noir avec rofettes de cuivre doré. Ils provien-
nent du cabinet de *Gagny*.

150 Deux autres Buftes en marbre, repréfentant des
jeunes filles, fur piédouches de marbre gris.

151 Deux autres petits Buftes repréfentant un jeune
fatyre & une jeune fille, par *le même*, fur piédouches de marbre de Sicile.

152 Un grand Bas-relief de forme ceintrée par le
haut, par *Robert le Lorrain*, fujet du Chrift au
calvaire : Il a été caffé. Haut. 24 pouc. larg. 15
pouc.

153 Deux autres Bas-reliefs de forme ovale en tra-
vers, repréfentant les Evangéliftes, par *le même*.
Haut. 9 pouc. larg. 12 pouc.

154 Une figure de bronze de moyenne proportion,
repréfentant Andromède attachée au rocher, fur

fon piédouche quarré en bois norci, garni de guir-
landes & têtes de béliers en cuivre doré. Hant. 20
pouc.

155 Une autre figure de femme en bronze de même
proportion, allégorie repréfentant l'élément de
l'air, avec attribut d'un aigle; fur fon focle de
cuivre doré. Haut. 22 pouc.

156 Douze pièces de terre cuite par *Robert le Lorrain*, différens fujets de dévotion, figures allégo-
riques, & autres qui feront divifés fous ce n?.

157 Deux Vafes de cheminée en albâtre, avec anfes
& pieds en cuivre doré.

158 Deux Gaines de bois noirci, & une autre peinte
en bois marbré.

159 Deux Confoles en bois fculpté & doré.

160 Divers Tableaux & autres objets curieux non
décrits, qui feront détaillés fous ce n°.

OBJETS D'HISTOIRE NATURELLE,

COMPOSÉS

*de Minéraux, Coquilles, Pétrifications, Madrépores,
Cailloux, Agathes, &c. &c.*

161 34 morceaux de mines de fer, plomb vert,
Schorl-vert, & cornes d'ammon.

162 20 autres morceaux de mines, dont mines de fer
de l'ifle d'Elbe, quartz, améthifte, &c.

163 15 piéces, qui font : criftaux de roche, quartz,
bois pétrifié, & grès de Fontainebleau, &c.

164 24 piéces , échantillons d'agathes , cailloux, pierres de Florence, &c.

165 Un lot compofé de trois morceaux d'ivoire fculp-té , un caillou gravé en médaille , & autres menues pierres & pâtes gravées.

166 50 piéces : coquilles diverfes , dont rouleaux, cammes , olives de Palama, & autres.

167 20 piéces , *idem*, dont le *fabot*, la camme , la becace épineufe , le marron, &c.

168 14 piéces, *idem*, dont le tigre ou la porcelaine, la nautille papiracée, le cœur de bœuf, & autres.

169 20 piéces, *idem*, dont la harpe, l'oreille de mer, le pouce-pied, &c.

170 11 piéces, *idem*, dont huitre épineufe, oreille de mer, & porcelaine.

171 25 autres piéces, *idem*, dont oreille de mer, rouleau papier marbré, ourfin , &c.

172 Un lot de divers madrépores, bois d'amianthe, pantoufles chinoifes, &c.

173 Un autre lot de diverfes coquilles communes. œufs d'autruches, & autres objets de ce genre, qui feront divifés.

FIN.

De l'Imprimerie de PRAULT, Quai des Auguftins, à l'Immortalité , N°. 44.

www.ingramcontent.com/pod-product-compliance
Lightning Source LLC
LaVergne TN
LVHW020457060726
842525LV00005B/1774